Христо Бояджиев

Контроль над инвестиционными проектами зданий и сооружений

Христо Бояджиев

Контроль над инвестиционными проектами зданий и сооружений

LAP LAMBERT Academic Publishing

Impressum / Выходные данные

Bibliografische Information der Deutschen Nationalbibliothek: Die Deutsche Nationalbibliothek verzeichnet diese Publikation in der Deutschen Nationalbibliografie; detaillierte bibliografische Daten sind im Internet über http://dnb.d-nb.de abrufbar.

Библиографическая информация, изданная Немецкой Национальной Библиотекой. Немецкая Национальная Библиотека включает данную публикацию в Немецкий Книжный Каталог; с подробными библиографическими данными можно ознакомиться в Интернете по адресу http://dnb.d-nb.de.

Coverbild / Изображение на обложке предоставлено: www.ingimage.com

Verlag / Издатель:
LAP LAMBERT Academic Publishing
ist ein Imprint der / является торговой маркой
OmniScriptum GmbH & Co. KG
Heinrich-Böcking-Str. 6-8, 66121 Saarbrücken, Deutschland / Германия
Email / электронная почта: info@lap-publishing.com

Herstellung: siehe letzte Seite /
Напечатано: см. последнюю страницу
ISBN: 978-3-659-64713-0

ХРИСТО ВЛАДИМИРОВ БОЯДЖИЕВ

КОНТРОЛЬ НАД ИНВЕСТИЦИОННЫМИ ПРОЕКТАМИ ЗДАНИЙ И СООРУЖЕНИЙ

В книге рассматривается деятельность консультанта при оценке соответствия инвестиционных проектов зданий и сооружений. Специальное внимание обращается на оценку о соответствии проектов по части „Конструкции" с использованием европейских норм и стандартов. Диференцираными являются требования для конструктивных элементов с различной степени сложности при проектировании и строительстве. Показаны несколько вариантов образцов записей о документации осуществлённых проектных проверок для отдельных конструктивных элементов, как и образец комплексного доклада, чтобы получить разрешение для строительства.

Значительное внимание отделяется на оценку о соответствии проекта для исполнения зданий и сооружений. Отмечаются контролиранные требования по евро нормами, которые заложенные в записях об оценке соответствия конструктивных элементов с и без предварительного напряжения.

Книга, как учебное приспособление, предназначается бакалаврам и магистрам по строительными специальностями висших учебных заведений. Книгой могут пользоваться архитекты и инженеры на практике, ангажиранные с проектированием и контролированием проектов зданий и сооружений.

проф. д-р инж. Христо Владимиров Бояджиев

КОНТРОЛЬ НАД ИНВЕСТИЦИОННЫМИ ПРОЕКТАМИ ЗДАНИЙ И СООРУЖЕНИЙ

ПЕРВАЯ ГЛАВА

ОЦЕНКА СООТВЕТСТВИЯ ИНВЕСТИЦИОННОГО ПРОЕКТА ЗДАНИЙ И СООРУЖЕНИЙ

1.1. Общие положения контроля при проектировании зданий и сооружений.

Под контролем инвестиционных проектов подразумевается оценка соответствия нормативных требованиях для изготовления проектов, осуществляется через проверку и переоценку, которых сопутствуют контрольные вычисления, сравнение и документация.

Объектом контроля инвестиционных проектов являются все его составные части, как: архитектура; конструкции; водопровод и канализация; отепление, вентиляция и климатизация; здравные и гигиенические строительные нормы; план безопасности и здоровья; противопожарные строително-технические нормы и др. (фиг. 1).

Фиг. 1 Составные части инвестиционного проекта

Предметом контроля проектов являются требования, которым они должны отвечать. Они находятся в нормативных документах. В общей сложности эти требования можем разделить на существенные и другие требования. Существенные требования соответствуют европейским стандартам. Они обязательно присутствуют в странах, которые ввели еврокоды и евростандарты в своих национальных   нормативных указах. К существенным требованиям принадлежат: обеспечение несущей способности, устойчивости, жёсткости и долговечности строительных конструкций и земляной основы в ходе   строительства и эксплуатации; пожарная безопасность   строения; обеспечение здоровья и жизни людей и их имущества; безопасное пользование стройки; хранение окружающей среды в ходе строительства и   пользования строения, включительно защита от шума, охранение защищённых территории недвижимых памятников культуры; экономия   топливной энергии во время эксплуатации и обеспеченный доступ лицам с двигательными повреждениями. Эти существенные требования могут иметь приложение и в остальных странах. Приведены в фиг. 2

Фиг. 2 Существенные требования при проектировании

Иными   являются   требования,   которые   связаны   с: безусловным зачитыванием предвидении действующих подробных устройственных планов; придерживанием   к   правилам   и   нормативам   устройства   территории; осуществимое согласование между отдельными частями проекта; наличие и полнота   инженерных   исчислений   по   всем   частям   проекта;   устройство,

3

безопасная эксплуатация и технический надзор сооружений с повышенной опасностью и др. Они представлены на фиг. 3.

Контроль проектов или оценка соответствия с нормативными требованиями ихнего изготовления не являются одинаковыми по форме и содержанию для разных категориях зданий. Категоризация зданий осуществляется в зависимости от характеристики, значимости и сложности при проектировании и исполнении, а также и от риска при эксплуатации. Число категорий является разным. К высоким категориям включаются здания и сооружения, которые расположены на гораздо больших развёрнутых и застроенных площадях, с более высокой застройкой, с гораздо большим капацитетом и мощностью и с большей значимости для технической инфраструктуры страны. К менее низкой категории относятся строения и сооружения с менее высокой застройкой, с менее большим капацитетом, как и такие, которые являются значимыми для технической инфраструктуры отдельных областей и общин.

Фиг. 3 Другие требования при проектировании
зданий и сооружений

В фиг. 4 представляются характерные особенности исполнения оценки соответствия проектов для строений в разных категориях. Когда строения или сооружения являются высокой категории, оценка осуществляется экспертами консултантской фирмы, а для формы документации нужно изготовление комплексного доклада. При строений низкой категории оценка осуществляется с одобрением экспертов общинской администрации, тогда форму документации решает экспертный технический совет, принимающий проект.

Необходимо сделать следующие уточнения. Контроль или оценка соответствия инвестиционного проекта могут быть осуществлены и другими институциями, например государственными или общественными органами. Кроме этого, проектант тоже имеет право осуществить собственный контроль или самоконтроль над изготовленными ими проектами. Настоящее исследование сосредотачивается главным образом над контролем, который заканчивается с выдачей разрешений для строительства и осуществляются уполномоченными этим делом фирмами и институциями.

Особенности изготовления оценки соответствия инвестиционных проектов, строек разных категорий		
Характеристики оценки	Категории строения	
	низкие	высокие
Осуществители оценки	Эксперты одобрения в общинной администрации	Эксперты консультантской фирмы
Содержание оценки	Проверка, подпечатывание и подписывание частей проекта	Проверка частей проекта и изготовление комплексного доклада
Форма документации	Решение экспертного технического совета общины для принятия проекта	Представление комплексного доклада одобряющей администрации
Предназначение оценки	Выдача разрешения для строительства	Выдача разрешения для строительства

Фиг. 4 Особенности оценки соответствия инвестиционных проектов, строек или сооружений в разных категориях.

Каждое одно государство должно определить для себя до которой категории оценка стройки будет осуществлятся с помощью консультантской фирмы и до которой категории эту деятельность будет осуществлять одобряющая проект общинная администрация. Кроме этого, является коректным предоставить возможность возложителю, который финансирует стройку, потребовать изготовления комплексного доклада и даже тогда, когда нормативная база в соответной стране неналожила этого требования. Практика показывает, что такой возьможностью могут воспользоваться как местные, так и чужестранные возложители.

1.2. Оценка соответствия инвестиционного проекта с изготовлением комплексного доклада.

Как известно из предидущей точки, оценка соответствия проекта может быть осуществлена без или с изготовлением комплексного доклада. В следующем выложении сосредоточенное внимание отделяется к изготовлению оценки соответствия, требующей изготовления комплексного доклада.

Цель, предназначение и содержание комплексного доклада приведены в фиг. 5.

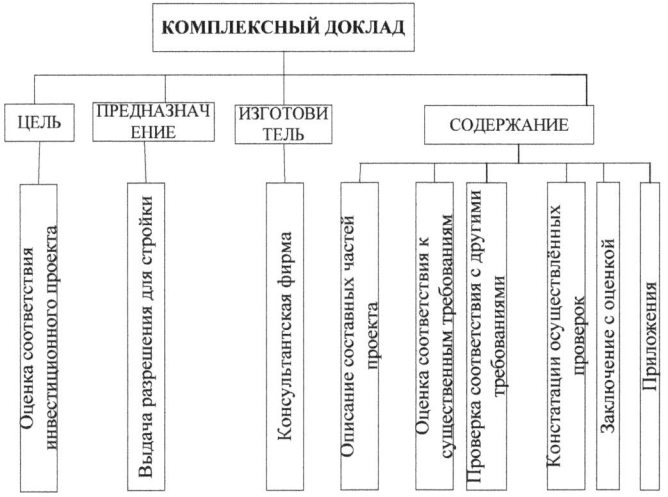

Фиг. 5 Цель, предназначение и содержание комплексного доклада

В комплексном докладе изготавливается короткое описание всех составных частей инвестиционного проекта. Оценивается соответствие существенных и других требованиях нормативного постановления изготовления проектов. Сообщаются констатации проведённых проверок. Комплексный доклад заканчивается заключением и оценкой сделанной проверки инвестиционного проекта. На ихней основе делается предложение компетентным органам издать разрешение для строительства. Нераздельной частью комплексного доклада являются приложения к нему. Они представлены в фиг. 6. К ним включаются документы собственности территории (терена), документы правоспособности и страхования фирм, выполняющих проектирование, строительство и консультантскую деятельность. К комплексному докладу приложена и оценка соответствия по части „Конструкции", которая оформляется в самостоятельном докладе.

Предложенная форма изготовления комплексного доклада показана в приложении 1 к настоящему исследованию.

Фиг. 6 Приложения к комплексному докладу

Предметом следующего выложения является оценка соответствия проекта по части „Конструкции", которая оформляется в самостоятельный доклад. На эту оценку влияют в значительной степени вид, геометрические размеры и сложность проектирования и выполнения несущей конструкции. По этими и другими критериями конструктивные элементы зданий и сооружений распределены в разные классы выполнения.

1.3. Категоризация конструктивных элементов в составе строительных конструкции.

Для выполнения категоризации строительных конструкции используются следующие критерий:

- вид зданий, использованные материалы и технологии и вид конструктивных элементов (ENV 13670-1) и

- последствия возможных аварий (EN 1990).

Использованные критерии представлены на фиг. 7. Разные вида строек надо отнести к отдельным классам (в общем трое на счету) , показанным на фиг. 8. По отношении этажности зданий требуется уточнить, что в счёт этажей не включаются партерные, подземлянные и мансардные этажи.

Фиг. 7 Критерии определения класса для
выполнения строительных элементов

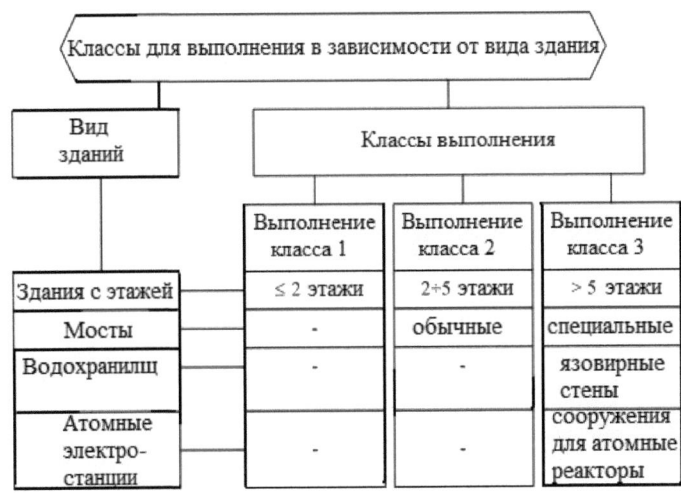

Фиг. 8 Классы для выполнения в зависимости от вида здания

Определение классов выполнения в зависимости от вида конструктивных элементов и использованных материалов и технологий представлено в фиг. 9 и фиг. 10. В этих фигурах показывается определение класса для выполнения стальнобетонных конструктивных элементов.

Фиг. 9 Определение класса выполнения в зависимости от вида конструктивных элементов

Фиг. 10 Определение класса выполнения в зависимости от вида использованных материалов и технологий

Связь между классами выполнения элементов разных зданий и сооружений и последствия от возможных аварий показана на фиг. 11.

Фиг. 11 Определение класса выполнения в зависимости от
последствия возможных аварий

При определении класса для выполнения следует иметь в виду
следующие указания:

- конструкция здания или сооружения может содержать конструктивные
элементы, требующие разных классов для выполнения. В таком случае
является коректным употребить не класс для выполнения одной конструкции, а
классы для выполнения отдельных элементов в конструкции;

- когда для одного конструктивного элемента по разными критериями
требуются разные классы для выполнения, определяющие критерий,
требующие наиболее высокий класс выполнения;

- в одной конструкции могут быть элементы с разными классами
выполнения;

- проектирование и построение конструктивного элемента должно быть
согласовано с требованиями для этого класса выполнения;

- класс выполнения конструктивных элементов определяется
проектантом и указывается в конструктивном проекте (фиг. 12);

- классы выполнения как термин используются как при проектировании
и исполнении строительства, так и при оценке соответствия. В ENV 13670-1 с

оглядкой подчёркивания контрольной деятельности используется термин „класс надзора". Содержание последнего покрывается полностью со содержанием использованным в EN 13670-1 термином „класс выполнения".

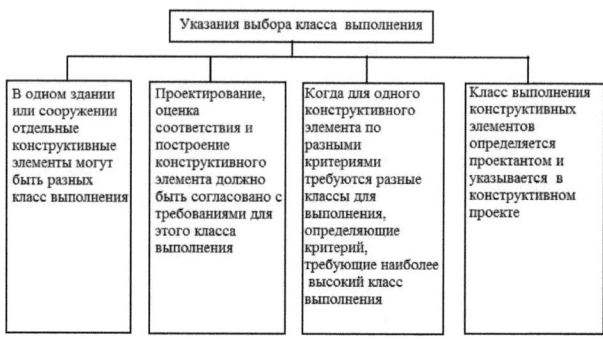

Фиг. 12 Указания выбора класса выполнения

ВТОРАЯ ГЛАВА

ОЦЕНКА СООТВЕТСТВИЯ ИНВЕСТИЦИОННОГО ПРОЕКТА В ЧАСТИ „КОНСТРУКЦИИ"

2.1. Самостоятельный доклад об оценке инвестиционного проекта в части „Конструкци"

Самостоятельный доклад об оценке инвестиционного проекта части „Конструкции" имеет центральное место в составленном консультантом комплексном докладе. Этот самостоятельный доклад об оценке изготавливается правоспособным техническим лицом в составе консультантской фирмы. Для сущности его деятельности имеет влияние в значительной степени класс исполнения конструктивных элементов в составе проверенной конструкции. При элементах разных классов исполнения, деятельность проверяющего эксперта представлена на фиг. 13.

Смотря на фиг. 13 можно увидеть, что доклад об оценке соответствия проекта части „Конструкции" изготавливается для всех конструкциях, независимо от класса исполнения элементов в составе конструкции. Документация этой оценки осуществляется с помощью изготовления самостоятельного доклада (фиг. 14). Доклад представляется в свободной форме. В нём описываются содержимые проверки (фиг. 15). Изготовляются при необходимости сравнительные вычислительные проверки, которые сопоставляются и сравниваются с вычислениями в проекте. Если есть в конструкции элементы с классом исполнения 2 или 3, дополнительно к докладу добавляются записи, документирующие осуществлённые проверки. В заключительной части доклада записывается целостная оценка о конструктивном проекте и даются рекомендации для отстранения допущенных несоответствий (если есть такие).

Целесообразным является, при наличии возможности, осуществить одновремено проектирование и оценку соответствия. Это привело бы к своевременному отстранению допущенных ошибок и к уменьшению продолжительности инвестиционного процесса.

Фиг. 13 Содержание оценки соответствия проекта в части „Конструкции" о
конструкции с элементами, требующими разные классы исполнения

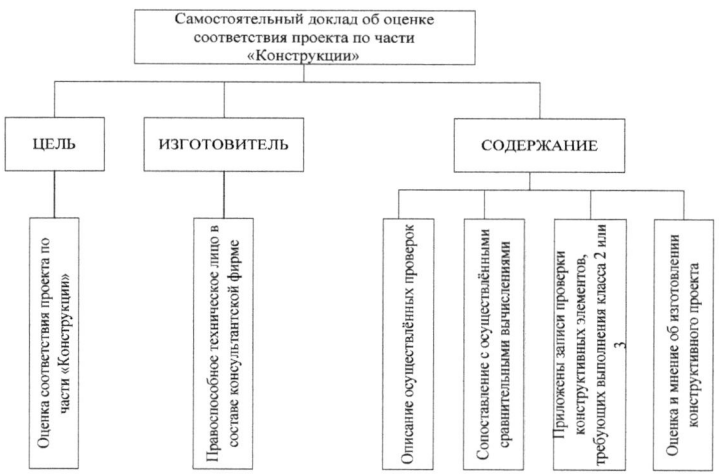

Фиг. 14 Составные части доклада об оценке
проекта в части „Конструкции"

Фиг. 15 Содержание проверок конструктивных проектов, осуществлённых правоспособным экспертом в составе консультантской фирмы

2.2. Записи об оценке проектированных конструктивных элементов.

Нераздельной частью доклада об оценке соответствия проекта части „Конструкции" являются записи проверки некоторых проектированных конструктивных элементов, требующих класса 2 или 3 для исполнения. В своей существенной части необходимая информация об изготвлении записей содержится в конструктивном проекте. Роль проверяющего эксперта из консультантской фирмы - осуществить проверку предоставленных проектантом данных о проверенных элементах и результаты должны быть представлены в письменном виде.

Предложенная форма представления результата проверки элементов высокого класса выполнения показана в приложении 2. Рекомендуется эта форма изготовления записи и не требуется воспринимать её как возможно наиболее подходящей.

Информация об изготовлении записей оценки конструктивных элементов с классом выполнения 2 или 3 представлена на фиг. 16. Из информации видно, что частота выбранных элементов изготовления записи является разной при выполнении класса 2 и класса 3 . Конструктивные элементы, на основе которых будут изготовляться записи, выбираются произвольно. При элементах с классом 2 выполнения выбирается по одному элементу из каждого вида. Больше являеется частота выполнения с классом 3 . При них выбираются по одному элементу из каждого вида и типоразмера. Рекомендуется, чтобы проектант осуществил выбор элементов, для которых будут изготовляться проверяющим записи об оценке соответствия.

Фиг. 16 Информация о записях оценки проектирования конструктивных элементов высокого класса выполнения

Другой существенной частью информации о записях является то, что в структурном отношении она состоит из трёх составных частей: текстовой, вычислительной и графической части. Представленные три части записей соответствуют троим составным частям конструктивного проекта. Каждая часть проекта влючает в себя информацию о проектировании и об исполнении конструктивных элементов. Логично есть и то, что такая же структура должна быть соблюдена и при изготовлении записей.

2.2.1. Текстовая часть записи об оценке проектированного конструктивного элемента.

В текстовой части записи о проверке конструктивного элемента отмечаются констатации осуществленной проверки текстовой части проекта, относящейся к проверкам конструктивного элемента. Проверяющий эксперт выражает своё мнение относительно:

2.2.1.1. Выбранные и использованные проектантом нормативы и требования.

Они связаны с:

- конструктивным решением;
- проектным сроком эксплуатации;
- использованным методом и программами статического решения;
- статической схемой элементов и конструкцией в целом, обеспечивающей во всех этапах строительства и эксплуатации необходимую несущую способность, устойчивость к трещинам (крекинг), деформацию и пространственную неизменяемость;
- использоваными строительными материалами по виду, классу, нормативными и вычислительными стойностями с жёсткостно-деформационными характеристиками;
- данными и характеристиками, связаными с местом строения, значимостью стройки, сложностью исполнения и пр: жёсткостно-деформационные характеристики почвы; стоимость коэффициента сейсмичности, значимости, отчитывая последствия наступления крайних предельных состояний, стоимость условий для работы с отчитыванием влияния на среду при эксплуатации, динамичности при сборочных элементах; предельные допустимые стоимости и толеранс (допустимость) к ширине трещин, провисанием элементов, отклонениям в геометрических размерах опалубочных элементов, в бетонном покритии, в размерах и расположении вбетонированных частей, в монтаже обыкновенном и напряжённом армировании, напряжённом усилии и удлинении при натяжений, монтаже сборочных элементов, расстоянии между деформационными, температурно-высыхающими фугами и фугами против землетрясения и пр.

2.2.1.2. Выбранные технологические методы для выполнения основных строительных процессов.

Сообразно со спецификой конструктивного элемента проверяющий эксперт выражает своё отношение последующим процессам:

- земляные – водоотвод, укрепление и выемки строительного котлована с намеченными методами и техническими средствами; закладывание фундамента с предписанными методами и использованной техникой;
- установка и снятие опалубки – совместимость системы для опалубки с опалубочной конструкцией; число использованных опалубочных комплектов; последовательность установки и снятия опалубки с описанием изменений

статической схемы стальнобетонных элементов в процесе снятия опалубки с оставленными подпорами; пространственное укрепление и связка с неподвижной точки; вид и способ положения опалубочной смазки; подготовка опалубочной обшивки для достижения, которая требуется для бетонной поверхности и пр.;

- армирование обикновенной и напрежённой арматурой – требования при изгибе и исправлении изогнутого стержня; допустимость для удостоверения стали разного класса, марки, диаметра и пр.; защита напрежённого армирования в агрессивной среде во время транспортирования, складирования и вложения; совместимость напрежённой системы с напрежёнными сооружениями и закрепляющими устройствами; подготовка напрежённых сооружений; измерения величины; допустимые отклонения допуска, план напрежения и пр.;

- процессы бетонирования – метод бетонирования с предвиденными средствами транспортирования, прокладывания, уплотнения; защиты бетона от неблагоприятных климатических условий, от предотвращения трещин от начального высыхания, от повреждения бетонной поверхности, использование бетона (SCC), который самоуплотняется, план для бетонирования и пр.

- монтаж сборочных элементов – использована техника и механизация для транспорта, складирования, амальгамации, временное укрепление, геодезическая проверка, монтаж, выполнение соединений; подготовка опор; защита от коррозии монтажных соединений, программа монтажа и пр.

2.2.1.3. Требования, связанные с исполнением строительного надзора:

- класс исполнения;
- частота подробных проверок элементов класса 2 и 3 выполнения;
- использованные методы проверки, критерии принятия, специфичные требования технических правил и норм;
- процедуры и инструкции о несоответствиях и корригирующих действиях и пр.

Оценка соответствия продолжается с осуществлением проверки вычислительной части проекта, которая касается проверки конструктивного элемента. Эксперт осуществляет вычислительную часть записи, в которой выражает своё мнение :

2.2.2. Вычислительная часть записи.

2.2.2.1. Вычисление, уточнение размера и конструирование элемента и конструкции в целом.

- нагрузка элемента – постоянные и временные грузы с нормативными и вычислительными стоимостями; сочетания нагрузки во время строительства и эксплуатации со стоимостью коэффициентов сочетания;

- жёсткостные и деформационные характеристики использованных материалов и земляной основы – нормативные и вычислительные стоимости; коэффициенты безопасности;

- усилия в сечении конструктивных элементов;

- вычисления конструктивного элемента крайних предельных состояний, чтобы стараховаться во время строительства и эксплуатации от разрушений и эксплуатационных предельных состояниях, чтобы страховаться при выполнении и эксплуатации от появления трещин и отверстий, недопустимого провисания, изменений формы, закручиваний и пр.

- вычисления по двоим видам предельных состояний опалубочного стальнобетонного элемента в раннем возрасте отлёжки с нагрузкой, жёсткостно-деформационных характеристик бетона и принятых статических схем, соответствующих этапу исполнения снятия опалубки;

- уточнение размера и конструирование несущего элемента для достоверных предельных состояний – геометрические размеры, продольная и поперечная арматура по классу, виду, расположению, числу и диаметру, коэффициентами армирования;

- огнеупорность конструктивного элемента в соответствие с требованием противопожарных норм.

2.2.2.2. Вычисления исполнениея основных технологических процессов.

Записывается мнение эксперта о вычислении характерных для элемента технологических процессов, как:

- земляные работы и закладывание фундамента – число, вид и производительность выбранных машин и строительная техника для водоотвода, укрепления и выемка строительного котлована;

- опалубочные работы – нагрузка опалубки и леса во время бетонирования, отлёжка и снятие опалубки; жёсткостно-деформационные характеристики материалов для опалубочных элементов; усилия разрезывания в элементах опалубки; вычисления опалубочных элементов для предельных

18

состояний, сообразно с товаром и вычислительной схемой во время бетонирования и снятия опалубки; уточнение размера и конструирование элементиов опалубки для достоверных предельных состояний;

- бетонные работы – вид и число выбранных машин и технических средств для установления и уплотнения бетонной смеси в соответствие с требованиями метода бетонирования;

- монтажные работы – вид, число и технические параметры машин и технических приспособлений для транспорта и монтажа готовых элементов и пр.

- количественные счёты строительно-монтажных работ со спецификой материальных изделий, готовых элементов и пр.

В разделе записи об оценке <u>графической части</u> проекта указывается соответствие с нормативными требованиями по отношению к изображению проектированного конструктивного элемента.

2.2.3. Графическая часть записи.

2.2.3.1. Обхват и содержание приложенных чертежей и деталей для изображения элемента.

Констатируются исчерпательность и подробность чертежей, характерных для элемента:

- пла, оснований с указанными деформационными, температурно-высыхающими и фугами против землетрясения;

- опалубочные планы с обозначением отверстий для перехода элементов инсталляий в здания;

- армировочные планы с показанным местоположением несущей, распределительной и монтажной арматурой, пришвартованием армировочного стержня, использованных сварных соединений стержней и вбетонированных частей, соединение внакрой и пр., спомогательные средства для обеспечения бетонного покрытия (вид, размер, материал исполнения, местоположение, густота расположения) и пр.;

- монтажные планы при использовании сборочных элементов;

- детали для монтажа и соединения элемента при сборочных конструкций.

- согласованность с другими спецификами проекта.

2.2.3.2. Оценка приложенных чертежей и схем для выполнения основных строительных процессов, связанных с проверками конструктивного элемента.

Выражается мнение о графических наглядных пособиях, способствующих характерными для элемента строительными процессами, как:

- раскрытие строительного котлована с закладыванием фундамента – схемы водоотвода, укрепление и выемка; порядок и последовательность выполнения при использовании набивных и вылитых пилотов, прорезных стен и пр.;

- опалубочные – разрезы с деталями связок опалубочных элементов; такт – планы выполнения хоризонтальных и вертикальных конструкции; схемы выполнения элемента по высоте; схемы для временной подпоры при раннем снятии опалубки и пр.;

- армировочные – схемы сгибания и выпрямления изогнутых стержней, для последовательности монтирования стержней, способа скрепления армировочных элементов и пр.;

- бетонные – представлены схемы подачи, заложения и уплотнения бетонной смеси; местоположение рабочей фуги с последовательностью бетонирования участков при использовании бетонирования с работными фугами; порядок и последовательность заполнения опалубочной формы при монолитном бетонировании и пр.;

- монтажные – схемы транспортного положения с деталями закрепления при транспорте; схемы использованных такелажных средств; положения при поклаже в хранилище и в обхвате монтажного средства; приведение в порядок и соединение при укрупнении и пр.

2.3. Схематическое оформление записей оценки о проектированных конструктивнных элементов.

Схематическое изложение содержания состоит из трёх частей записи об оценке проектиранного конструктивного элемента (текстовая, вычислительная и графическая) является видным на фигурах 17, 18 и 19.

Это изложение записи, кроме того, что является достаточно наглядным, является и более компактным. Так к примеру, только на одной странице может быть изготовлена и то только графически текстовая часть записи. Последовательно наносятся констатации и оценка проверяющего эксперта о коректности выбора сопутствующих вычислении конструктивного элемента деятельности, связанных с использованием статической схемы, методом вычисления, программных продуктов, жёсткостно-деформационными характеристиками, нагрузки, воздействием других факторов и т.д. На той же странице представляются констатации и оценка принятых технологических методов для выполнения характерных конструктивному элементу строительных работ (земляные, опалубочные, армировочные, монтажные, напряжённые и др.). В той же части записи представляется оценка эксперта из консультантской фирмы о соблюдении и других требований, как: коректно выбранных класс выполнения и частота проверок; принятых методов и средств для измерения технических характеристик во время строительства; приложеных процедур и инструкций несоответствий и коригирующих действий; использованых форм записей для документации выполнения строительства и др.

На другой странице оформляется вычислительная часть записи с констатациями и оценкой проверяющего эксперта о вычислении, уточнении размера и конструировании конструктивного элемента. В письменном виде представляется мнение об использованных сочетаниях в нагрузках и воздействии избранных предельных состоянии, о соответствии с нормативными требованиями при уточнении размера и конструировании элемента, о результатах осуществлённой вычислительной проверки и др.

Проверяющий выражает своё мнение и о вычислении характерных для элемента технологических процессов, связанных с земляными работами, опалубкой и лесами, бетонированием, предварительным напряжением, монтажом сборочных элементов и др.

Графическая часть записи представляется на отдельной странице и включает в себя мнение проверяющего о характерных для конструктивного элемента чертежах, а именно о плане основании, опалубочных планах, армировочных планах, приложенных деталях и др. Обязательно констатируется согласование конструктивных чертежей с проектантами из других частей инвестиционного проекта. После проверки приложенных схем для выполнения основных строительных процессов к элементу, проверяющий состав высказывает своё мнение и даёт оценку в письменном виде о графических обозреваемых изображениях строительных процессов. Эти процессы требуются быть связанными с закладыванием фундамента, бетонированием, монтированием сборочных элементов, установкой и снятием опалубки, водоотводом и укреплением выемки, осуществлением насыпи и др.

ТРЕТЬЯ ГЛАВА

КОНТРОЛИРАННЫЕ ТРЕБОВАНИЯ К ИЗГОТОВЛЕНИЮ ЗАПИСЕЙ ПО ОЦЕНКЕ СООТВЕТСТВИЯ ПРОЕКТОВ ПРИ ВЫПОЛНЕНИИ ЗДАНИЙ ИЛИ СООРУЖЕНИЙ

3.1. Требования к изготовлению записей по оценке проектированных основных строительных процессов проверяемого конструктивного элемента.

Является возможной и другая форма записывания результатов осуществлённой проверки конструктивного элемента, требующий класса 2 или 3 выполнения. Запись об оценке соответствия можно разделить на две части. В первой части представляется мнение о проверке обо всём, связанным с проектированием элемента (нагрузка, статическая схема, вычисление, уточнение размера, конструирование, графическое наглядное пособие и др.)

Фиг. 17 Текстовая часть записи об оценке проверяемого конструктивного элемента

22

Фиг. 18 Вычислительная часть записи об оценке проверяемого
конструктивного элемента

Фиг. 19 Графическая часть записи об оценке проектированного
конструктивного элемента

Вторая часть включает в себя результаты проверки элемента, связанные с проектом выполнения зданий или сооружения (использованы технологические методы с подбором подходящей механизацией, опалубкой, лесами и др., приложены вычисления, связанные с технологическими процессами для выполнения элементов, графические изображения использованных технологических процессов).

Иллюстрирование этого подхода при изготовлении записи о конструктивном элементе в части проверки проекта для выполнения находит отрожение в таблице 3.1.

Таблица 3.1

Обхват и содержание записи конструктивного элемента оценки соответствия
с требованиями проекта выполнения
зданий или сооружений

№	Составные части оценки	Обхват и содержание составных частей	Требования, которые подлежат проверке
1.	Опалубочные работы	Выбор подходящей опалубки	Обоснование выбранной системы для опалубки
		Вычисление опалубки	Соответствие с европейскими нормами об опалубках и лесах
		Опалубочные леса	Намечена последовательность монтажа и демонтажа, включительно закрепление, распирание, преохранение от провишивания и др. При использовании работных фуг во время бетонирования вычисляются деформации лесов
		Опалубочная смазка	Определённые условия для использования смазки
		Вид, форма и степень завершённости бетонной поверхности	Требования к достижениям необходимого законченного вида поверхности
		Специальные опалубки	Требования к специальной опалубке
		Вкладки и вбетонированные металлические части	Требования к заполнению отверстий временных вкладок. Способ закрепления в опалубочные формы. Антикорозионная защита и отсутствие вредной реакции с бетонном и армировкой
2.	Армировочные работы	Использованные материалы во время армировочных работ	Вид армировки и использованных фиксаторов. Требования к армировочной стали и к устройствам для монтирования стержней и соединение внакрой. Характеристики армировки
		Сгибание, резание, транспортирование и укладка арматуры	Схемы для резания и сгибания армировки. Условия для сгибания при низких температурах и через нагревание. Требования к выпрямлению согнутых стержней и армировки, накрученной на крутильных барабанах
		Сваривание арматуры	Допустимость свариваний и условия для ихнего осуществления. При работе с гальванической или предохранённой эпоксидной смолой армировкой отмечается возможность сваривания и метода для восстановления
		Соединение внакрой армировочных стержней	Нормативно позволены виды, способы соединения внакрой

№	Составные части оценки	Обхват и содержание составных частей	Требования, которые подлежат проверке
		Скрепление и закладывание арматуры	Способы скрепления армировки и обеспечения бетонного покрытия. Допуск выдержки армировки по краям опалубочной формы, как по горизонтали и вертикали
3.	Бетонирова-ние	Использованные бетоны	Должны соответствовать требованиям EN 206-1
		Доставка, принятие и транспорт для бетонной смеси к объекту	Контроль на месте заложения бетонной смеси. Необходимость транспортных средств с точки зрения недопустимости существования работных фуг при монолитном бетонировании. Мероприятия, уменшающие до минимума вредные явления как например расслоение, водоотвод поверхности, потеря цементной пасты и др. во время доставки
		Деятельности перед бетонированием	План бетонирования, если требуется в проекте для выполнения. Описание деятельности перед заложением бетонной смеси как чистка опалубочных форм, изолирование земляной основы при бетонировании фундаментов и др.
		Заложение и уплотнение	Схемы подачи и заложения. Вычисленная скорость заложения. Избранные машины для заложения и вибраторы для уплотнения. Принятые схемы уплотнения и установленная продолжительность вибрирования. Определение местоположения работных фуг и отмечены последовательность бетонирования и способ обработки фуг. Предписаны меры защиты бетона от замерзания и преждевременного высыхания. Обеспечение готового облика поверхности
		Выдерживание и предохранение	Разработаны мероприятия для выдерживания, обеспечивающие проектную жёсткость и продолжительность времени поверхностному слою. Отмечены класс и продолжительность времени выдерживания. При использовании бетона с высокой жёсткостью отмечаются меры, чтобы предотвратить трещины от первоначального высыхания. Отмечены заботы о предохранении, сообразно с климатическими условиями
		Деятельности после бетонирования	Определены методы для испытания твердения бетона. Указаны частота и критерии соответствия. Предоставлены меры для защиты поверхности от повреждений бетона после снятия опалубки
		Использование специальных бетонов	Требования для специальных бетонов как бетон с лёгкими добавочными материалами, високожёсткий бетон, тяжёлый бетон, подводный бетон и др. Должны отвечать на распоряжения, которые являются валидными для стороны заложения. При ползучей опалубке должны быть взяты меры, обеспечивающие необходимую для бетонного покрытия армировку и требующийся вид поверхности

№	Составные части оценки	Обхват и содержание составных частей	Требования, которые подлежат проверке
		Самоуплотняющийся бетон	Состав самоуплотняющейся бетонной смеси (SCC). Специфичные требования к методу и механизации заложения, методы оформления поверхности и др. Установлено время для сохранения консистенции и максимально допустимого периода времени между последовательными бетонными пластами. Недопущение свободного падения и горизонтального протекания SCC при заложении.
4.	Сборочные стально-бетонные элементы	Подвешивание, поднятие от транспортного средства и укладывание	Представлены схемы поднятия и инструкции для укладки. Выбраны такелажные средства, как и механизация транспортирования, разгрузки и укладки готовых элементов. Приложен вычислительный и графический материал как схемы, работные диаграммы и др. Показаны схемы укладки в обхвате монтажного средства, учитывая минимальную растрату времени для монтажа.
		Монтаж элементов	Обеспечение монтажной спецификации и рабочей программы с последовательностью операций. Обоснование необходимости существования временных опор и отмеченных мер, гарантирующих эффикасность и устойчивость для них. Наглядность монтажных процессов с приложенными к ним схемами и деталями. Обеспечены возможности для проверки положения элемента, размера опор, состояния соединений и целой конструкции, а также и для осуществления необходимой регулировки и пригонки (фитингов).
		Исполнение монтажных конструктивных соединений	Заложение дополнительной армировки и бетонной смеси для того, чтобы сделать монолитными готовые элементы, соответсвующие требованиям EN 13670-1. Скрепляющие части вырабатываются и ложатся в соответствии с деталями в конструктивном проекте. Во время монтажа ведётся наблюдение, чтобы не было повреждений. Вид и размеры связок соответствуют способу соединения. Стальные вложки, использованные для связок между элементами защищаются против коррозии и пожара с помощью выбора подходящих материалов или покрытий. Сваривания при конструктивных связок осуществляются с подходящими для этой цели материалами, которые проверяются.

3.2. Требования к изготолению записи об оценке предварительного напряжения для проверки конструктивного элемента.

При наличии предварительного напряжения требуется в части оценки соответствия проекта выполнения осуществить проверку по требованиям, представленным в таблицах 3.2; 3.3; 3.4; 3.5 и 3.6.

Требования к использованным системам и материалам предварительного напряжения

№	Подлежащие на проверку требования к использованным системам и материалам для напряжения						
	Системы напряжения	Канало-образовывающие трубы	Напряжённая сталь и заместители	Укрепляю-щие элементы и принадлежности	Опоры и средства для закрепления армировки	Инъекционный раствор для цементо-вой основы	Гресс (смазочное вещество), смазка или другие продукты
1.	Соответствие с европейским техническим одобрением или с распоряжениями,валидными для соответсрвующей страны	Соответствие с EN 523 о каналообразовывающих трубах из стали	Соответствие с EN 1992 и ENV 10138 или с распоряжениями,валидными для соответствующей страны	Укрепляю-щие элементы и принадлежности для соответствия с распоряжениями,валидными для соответствующей страны	Соответствие с проектом о опорах напряжённой армировки. Обеспечение надёжного закрепления, исключающее изменение формы и геометрию	Соответствие с EN 447 о ин-ъекционном рас-творе	Эти материалы для заполнения каналов и укрепляющие устройства должны соответствовать EN 1992
2.	Совместимость всех составных частей системы напряжения	Соответствие с распоряжениями, валидными для соответствующей страны о каналообразовывающих трубах из материалов, различных от стали	Соответствие с европейс-кими техническими одобрениями или с распоряжениями, валидными для соответствующей страны о других материалах для наряжения не от стали	Совместимость укрепляю-щих элементов и принадлеж-ностей со системой для напряжения	Чтобы опоры не имели вредного воздействия на сталь и/или бетон.		
3.		Соответствие с распоряжениями, валидными для соответствую-щей страны об обкладках грессированных верёвок без сцепления с бетоном			Отмечены меры, учитывающие, чтобы опоры не повредили каналообразователи		

Требования при транспортировании, складировании и изготвлении напряжённой армировки

№	Требования к видам деятельности	
	Транспортирование и укладывания	Изготовление напряжённой армировки
1.	Отмечены меры защиты от коррозии во время транспортирования и складирования напряжённой армировки, кана-лообразователей, устройств для закрепления и соединений внакрой, предварительно изготовленных для объекта напряжённых элементов и др.	Обеспечено соответствие с европейскими техническими одобрениями или разпоряжениями, валидными для соответствующей страны при изготовлении напряжённой армировки.
2.	Отмечены меры защиты от промочения и влажности во время транспортирования и уклад материалов для изготовления инъекционных растворов – цемента, сухих минеральных смесей, химических добавок и др.	Чтобы в близости около напряжённой армировки не осуществлялось резание с автогенной сваркой или припаивание стали. Не допускается, чтобы напряжённая армировка и укрепляющие элементы были припаиваны. Не должны свариваться и распределяющие усилие опорные плоские заготовки, спирали и др. Исключения допускаются, если они предписаны в проекте.
3.	Обеспечение специальной упаковки при транспортировании воды	Должна быть обеспечена водоплотность каналообразователей. Лента для уплотнения каналообразователей не должна содержать хлоридов.
4.	Уклад в закрытых помещениях с относительной влажностью воздуха меньше чем 60%	Должно быть обеспечено соответствие типа и класса напряжённой армировки с данными из конструктивного проекта. Промены должны быть отражены в экзекуторском проекте.

Требования при монтировании напряжённой армировки

№	Требования при монтировании напряжённой армировки			
	Общие требования	Армировка напряжена перед бетонированием	Армировка напряжена после бетонирования	Внутренняя и внешняя напрежённая армировка без сцепления с бетоном
1.	Соблюдение допустимых отклонений проектного положения при монтаже напряжённой армировки.	Надёжная защита от коррозии участков армировки без сцепления с бе-тоном.	Обеспечивание от-душины в двух краях каналообразователей и в точках, куда возможно накоплять воду или воздух. При длинных каналообразователей требуется предвидеть отдушины и в промежуточных точках.	Предписаны меры для защиты от промочения и влаж-ности напряжённой армировки без сцепления с бетоном.
2.	В местах для закрепление и соединение		Маркирование отдушин для иденти-фицирования каналов.	

№	Требования при монтировании напряжённой армировки			
	Общие требования	Армировка напряжена перед бетонированием	Армировка напряжена после бетонирования	Внутренняя и внешняя напряжённая армировка без сцепления с бетоном
	внакрой напряжённой армировки не допускаются изгибы.			
3.			Обеспечивание устой-чивости кана-лообразователей и отдушин при закладывании и уплотнении бетонной смеси с помощью употребления достаточно упругих труб, а также и с помощью использования вре-менных подпор.	

Таблица 3.5

Требования при напряжении армировки

№	Требования при напряжении армировки			
	Общие требования	Армировка напряжена перед бетонированием	Армировка напряжена после бетонирования	Внутренняя и внешняя напряжённая армировка без сцепление с бетоном
1.	Напряжение осуществляется по предварительно изготовленной и одобренной программе. На объекте должны быть письменные инструкции о напряжении.	Должны быть отмчены предохранитель-ные меры от коррозии конечностей напряжённой армировки.	Технология инъекцирования раствора в каналах соответствует требованиям EN 446.	При защите внешней напряжённой армировки с инъек-ционным раствором являются в силе требованиям EN 446 и EN 447
2.	Обеспечивание совме-стимости устройств для напряжения с напрягающей системой. Должны существовать протоколы для калибрирования ус-тройств, измеряющие силу напряжения.	При напряжении перед бетонированием и недостатке вычисленного удлинения с ±3% для общей силы и с ±5% для силы в одном напре-жённом элементе предпринимаются действия в соответствии с	Технические требования к инъекционному раствору являются в соответствии с EN 447.	В других случаях для защиты, каналы заполняются антикоррозионными смазками и смазкой, соответствующими EN 1992.

29

№	Общие требования	Требования при напряжении армировки		
		Армировка напряжена перед бетонированием	Армировка напряжена после бетонирования	Внутренняя и внешняя напряжённая армировка без сцепление с бетоном
		проектом.		
3.	Передача силы напряжения на конструкцию осуществляется постепенно и начинается, когда постигнута минимальная жёсткост натиска бетона, которая требуется для напрягающей системы.		При напряжении после бетонирования и недостатке вычисленного удлинения с ±5% для общей силы и с ±10% для силы в одном напрежённом элементе предпринимаются действия в соответ-ствии с проектом.	

Таблица 3.6

Требования при защите напряжённой армировки

№	Общие требования	Требования при защите напряжённой армировки				
		Армировка напряжена перед бетонирова-нием	Армировка напряжена после бетонирова-ния	Внутренняя и внешняя напряжён-ная армировка без сцепление с бетоном	Инъектирование каналов	Грессирова-ние каналов
1	На объекте должны присутствоват ь письменные инструкции о подготовке и выполнении мер для защиты напряжённой армировки.	Конечности напрежённой армировки должны быть предохранены от коррозии.	Инъектиро-вание ка-налов для армировки соответст-вует EN 446 и EN 447.	При защите внешей напряжён-ной армировке с инъекцион-ным раствором являются в силе требования EN 446 и EN 447.	Приготвление инъекционного раствора является в соответствии с требованиями EN 446 и EN 447 или разпоряжениями, валидными для нашей страны. Технология инъектирования соответствует EN 446 или разпоряжениями, валидными для соответствующей стране.	С постоянной скоростью выполняется грессирование и без прерывания.
2	Устройства для		Рекомендy-ется в напряжён-ном	В остальных случаях каналы	Повторное инъектирование	Инъекти-ранный объём сравняется с

				Требования при защите напряжённой армировки		
№	Общие требования	Армировка напряжена перед бетонирова-нием	Армировка напряжена после бетонирова-ния	Внутренняя и внешняя напряжён-ная армировка без сцепление с бетоном	Инъектирование каналов	Грессирова-ние каналов
	инъектирован ия должны соответствова ть EN 446 и чтобы были допус-тимы для напря-жённой системы.		состо-янии перед выполне-нием мер защиты, чтобы ар-мировка не задержива-лась больше 2-х недель.	заполняют-ся с антикорро-зионными смазками или со смазкой, соответс-твующими EN 1992.	соответствует EN 446 и используется при наличии большого диаметра каналов и вертикальных или накло-нных участков в каналах.	теоретичес-ким свободным объёмом канала, имеется в виду изменения объёма гресса в зависимости от температу-ры
3	Резултаты проверок протоколирую т-ся		При удлинений периода между на-пряжением и инъектиро-ванием в каналах продувается периоди-чески сухой воздух или азот.		Инъектированный объём сравняется с теоретическим свобод-ным объёмом канала.	После окон-чания грессирова-ния, учитывая предотвра-щения будущих нежеланных потерей гресса осуществля-ется уплотнение каналов в местах выбивки.
4	Места укрепления и залкрепляющи е устройства предохраняют ся таким же способом, как и напряжённая армировка		Период между изго-товлением на-пряжённого элемента и инъектиро-ванием ка-налов с раствором не должно превышать 12-х недель.		Пустое пространство в каналах не должно быть. Дополнительное заполнение осу-ществляется инъектированием под вакуум или через повторное инъектирование.	
5			Задержива-ние арми-ровки в опалубке перед выливанием бетона не должно превышать 4 недель.		При инъектировании под вакуум измеряется свободный объём в канале и сравняется с количеством инъек-тированного раствора.	

31

Программу напряжения, упомянутую в таблице 3.5 составляет исполнитель напряжения и одобряет её консультантская фирма. Контролъ по выполнению этой программы осуществляется той же фирмой. Требования при составлении программы для напряжения представляются в таблице 3.7. Записанные в программе требования находятся под контролем консультантской фирмы.

Таблица 3.7

Требования при изготовлении программы для напряжения армировки

Требования при изготовлении программы для напряжения армировки	
Армировка напряжена перед бетонированием	Армировка напряжена после бетонирования и внутренняя и внешняя напряжённая армировка без сцепления с бетоном
1. Описываются все возможные последствия от напряжения. 2. Отмечается сила напряжения, которая должна быть достигнута и давление в прессе. 3. Отмечается допустимая сила вытягивания в напряжённой армировке и её скольжение в закрепляющие приспособления. 4. Отмечается необходимая жёсткость бетона при ослаблении напрягающей силы. 5. Требуется проверка годности закрепляющих приспособлений при повторном ихнем использовании.	1. Отмечается использованная система для напряжения. 2. Даётся вид и класс напряжённой стали 3. Отмечается количество стержней, верёвок или проволок в каждом напряжённом элементе. 4. Отмечается необходимая жёсткость бетона при напряжении. 5. Определяются порядок и последовательность для напряжения напряжённых элементов. Изготовляется графика этапности напряжения. 6. Отмечаются вычислительные характеристики о напрягающей силе и удложении армировки. 7. Отмечается ожыдаемое скольжение в закрепляющих приспособлениях. 8. Описывается необходимость частичного или целостного ослабления поддерживающих лес. 9. Требуется проверка для необходимой жёсткости бетона в моменте напряжения. 10. Даётся вид использованных напрягающих устройств. 11. Записывание в дневнике об измеренных силах и удлинениях в армировке на каждом этапе напряжения. 12. Документирование наблюдаемого скольжения. 13. Записываются все значительные отклонения от вычисленных напрягающих сил и удиней. 14. Отмечается время для устранения лес.

В записях, документирующих осуществлённые проверки предоставляется информация по отношению выполнения указанных выше в таблицах требований для предварительного напряжения.

СЛОВАРЬ ТЕРМИНОВ

Стройка:	Каждое строительство или всё, что является результатом строительной деятельности
Спецификация для монтажа:	Документы, включающие чертежи, эскизы, технические данные и требования, необходимые для монтажа готовых элементов
Исполнение:	Все деятельности, обеспечивающие осуществление строительных работ, как напр. доставка, установка опалубки, армирование, бетонирование, отлёжывание, монтирование и др., а также контролирование и документация
Класс исполнения:	Комплекс требований, определённый при исполнений строительных работ для несущей конструкции зданий или сооружения или для отдельного конструктивного элемента
Конструкция несущая:	Организация комбинации из связанных частей, проектированных, чтобы обеспечить необходимые несущую способность и негибкость (жёсткость)
Конструктивная система:	Несущие элементы зданий или сооружений и способ, по котором эти элементы предполагается, будут работать совместно на нагрузку и воздействия
Проект исполнения:	Совокупность документов, включающих все чертежи, эскизы, технические данны и требования, необходимые для исполнения конкретного объекта
Контроль:	Оценка соответствия через наблюдение и счёт, сопутствующие в соответствии с вычислением, испытанием, сравнением и документацией
Технологический строительный проект:	Совокупность документов, описывающие методы и процедуры, которые используются для выполнения строительных работ
Строительная площадка:	Местность, необходимая для осуществления стройки
Стройка:	Строительные деятельности для постройки зданий и сооружений, также и для ихних основных ремонтов, реконструкции и перестройки с и без перемен в

	предназначениях
Объект:	Самостоятельная стройка или её часть со самостоятельным функциональным предназначением
Допустимое отклонение:	Допустимая алгебраическая разница между граничными стойностями данного размера и соответственным для сравнения размером
Допуск (толеранс):	Разница между верхней и нижней границей размера
Надзор:	Деятельность, осуществляемая для проверки соответствия исполнения с проектной спецификацией.
Проектная спецификация:	Совокупность документов, которые содержат техническую информацию и требования для исполнения данного проекта

КОМПЛЕКСНЫЙ ДОКЛАД ОБ ОЦЕНКЕ СООТВЕТСТВИЯ ИНВЕСТИЦИОННЫХ ПРОЕКТОВ

СТРОЙКА:
МЕСТОНАХОЖДЕНИЕ:
ФАЗА: (идейный, технический или работный проект)
ВОЗЛОЖИТЕЛЬ:

КОНСУЛЬТАНТ: (наименование консультантской фирмы с подробными данными фирмы; идентификационный номер; местопребывание и адрес управления; адрес для кореспонденции; номер и дата выдачи лиценза для осуществления консультантской деятельности; номер страховательной полицы и др.)

I. ОБЩИЕ ПОЛОЖЕНИЯ

I.1. Экип специалистов, с которыми консультант осуществил оценку соответствия инвестиционных проектов по соresponным частям как следует:

1. част „Архитектурная"………………………………………………..
2. част „Конструкции"………………………………………………....
3. част „Водоснабжение и канализация" („В и К")…………………
4. част „Отепление, вентиляция и климатизация" („ОВ и К")……...
5. част „Эл. инсталляции"……………………………………………....
6. част „Здраво-гигиеничные строительные нормы" („ЗХСН") …………..
7. част „Противопожарные строительно-технические нормы" („ПСТН")
8. част „План для безопасности и здоровья" („ПБЗ") и др………………..

I.2. Доклад изготовлен в исполнение договора с возложителем и сообразно с требованиями нормативных документов.

I.3. Все части (графические, вычислительные и текстовые) инвестиционных проектов подписаны лицом – консультантом, который осуществил оценку о соответствии, с заверкой отдельных частей соответными специалистами его экипа .

1.4. Доклад соображён с действующим законодательством к дате изготовления доклада.

II. ПРОЕКТАНТ СТРОЙКИ: (наименование проектантской фирмы с подробными данными о: идентификационный номер; местопребывание и адрес управления, адрес для кореспонденции). Отдельные части проекта выполнены правоспособными проектантами, как следует:

II.1. Часть „Архитектура" (имя проектанта с регистрационным номером удостоверения из професионалного сдружения);

II.2. Часть „Конструкции" (имя проектанта с регистрационным номером удостоверения о правоспособности из профессионального сдружения);

II.3. Часть „Водоснабжение и канализация" (имя проектанта с регистрационным номером удостоверения о правоспособности из профессионального сдружения);

II.4. Часть „Отепление, вентиляция и климатизация" (имя проектанта с регистрационным номером удостоверения о правоспособности из профессионального сдружения);

II.5. Часть „Эл. инсталляции" (имя проектанта с регистрационным номером удостоверения о правоспособности из профессионального сдружения);

II.6. Часть „Здраво- гигиеничные строительные нормы" (имя проектанта);

II.7. Часть „Противопожарные строительно-технические нормы" (имя проектанта);

II.8. Часть „План безопасности и здоровья" (имя проектанта);

III. ИСХОДНЫЕ ДАННЫЕ И ДОКУМЕНТЫ

III.1. Документ о собственности недвижимого имущества.

III.2. Эскиз с визой для проектирования.

III.3. Договор о продаже электрической энергии после ввода стройки в эксплуатацию.

III.4. Договор о продаже воды после принятия стройки в эксплуатацию.

III.5. Мнение консультанта о пожарной безопасности.

III.6. Мнение о проекте, выданное районной инспекцией по защите окружающей среды.

III.7. Другие документы.

IV. СОДЕРЖАНИЕ ИНВЕСТИЦИОННЫХ ПРОЕКТОВ.

IV.1. Часть Архитектура".

(Подробное описание проекта по части „Архитектура", в котором отмечаются данные о городостроительном решении, объемно-площадные показатели, этажность, соседи, адрес, доступность, функциональное предназначение помещений по этажам, обзаведение, покрытия стен и полов, фасада, крыша, изолляции, деревянные части строения, покрытие фасада и крыши, содержание и число приложенных чертежей.

IV.2. Часть „Конструктивная".

(Описывается конструкция по отношению вида, способа исполнения, использованой строительной системы, функциональная принадлежность отдельных частей конструкции, класс исполнения, составные части проекта. Сообщается имя и номер удостоверения проверяющего консультанта, который осуществил оценку соответствия и заверил отдельные части проекта. Для объектов с элементами, требующими исполнения класса 2 и класса 3 сообщается, чтобы записи об оценке соответствия приложены в настоящем докладе.)

IV.3. Часть „Водопровод и Канализация".

(Подробно описывается водопроводная и канализационная инсталляция что касается снабжения, использованных труб по виду материала и диаметра, отклонений, предвиденных водомеров для тёплой и холодной воды, санитарного оборудования, закрытия, количественного счёта, приложенных вычислений, число и содержания чертежей и др.)

IV.4. Часть „Электроинсталляции".

(Описывается электрическое снабжение и площадковая инсталляция по отношению предоставленной мощности, вида использования кабелей, местоположения, длины, в ход в здание и др. Отмечаются отдельные составные части эл.инсталляции здания – осветительная, силовая, заземлительная и др. Для каждой из них совершается описание, которое включает вид использованных проводников, осветительные тела, контакты, переключатели, плавкие предохранители для токовых кругов, электрический табель и др. Отмечаются составные части проекта – вычислительная часть, приложены чертежи, количественный счёт.)

IV.5. Часть „Отепление, вентиляция и климатизация"

(Представляется содержание проекта по ОВ и К с подробным описанием отеплительной инсталляции по отношению вида использованного топлива, вида и диаметров труб, количеством глидеров в радиаторах, командного табеля, систем защиты и др. Описывается вид вентиляционной системы. Отмечаются отдельные части проекта – объяснительная записка, вычислительная часть, графическая часть, количественный счёт и др.)

IV.6. Часть „Здраво- гигиенические строительные нормы".

(Отмечаются нормативные документы, регламентирующие здраво-гигиеннические требования для проектиранного здания. Показывается ихнее соображение при архитектурно-строительном проектировании отдельных помещений и инсталяции зданий.)

IV.7. Часть „План о безопасности и здоровье".

(Делается описание этой части проекта в соответствии с нормативными требованиями для благоприятных и безопасных условиях труда при выполнении строительно-монтажных работ).

IV.8. Часть „Противопожарные строительно-технические нормы".

(Описывается соображение с требованиями к противопожарным нормам при архитектурно-конструктивном проектировании и при проектировании инсталляции для зданий).

ОЦЕНКА О СООТВЕТСТВИИ ПРОЕКТОВ СО СУЩЕСТВЕННЫМИ ТРЕБОВАНИЯМИ К СТРОЙКАМ

А. ПО ПРЕДВИДЕНИЯМИ ПОДРОБННОГО УСТРОЙСТВЕННОГО ПЛАНА (В соответствии с нормативными требованиями оценивается соответствие проектиранного здания или сооружения с предвидениями действующего подробного устройственного плана на застроенной территории.)

Б. ПО СОБЛЮДЕНИИ ПРАВИЛ И НОРМАТИВОВ ДЛЯ УСТРОЙСТВА ТЕРРИТОРИИ

(Оценивается соответствие способа застроения с требованиями правил и нормативов для устройства отдельных видов территории и устройственных зон).

В. ОТНОСИТЕЛЬНО СОБЛЮДЕНИЯ ТРЕБОВАНИЙ ДЛЯ НОСИМОСПОСОБНОСТИ, ПОЖАРНУЮ БЕЗОПАСНОСТЬ И ДР.

В.1. НОСИМОСПОСОБНОСТЬ, УСТОЙЧИВОСТЬ И ДОЛГОВЕЧНОСТЬ СТРОИТЕЛЬНЫХ КОНСТРУКЦИЙ И ЗЕМЛЯННОЙ ОСНОВЫ ПРИ ЭКСПЛУАТАЦИОННЫХ И

СЕЙСМИЧЕСКИХ НАГРУЗОК И ГРУЗОВ ВО ВРЕМЯ СТРОИТЕЛЬСТВА:

(Сообщается, что оценка о соответствии по части „Конструкции" осуществлена правоспособным техническим лицом, который изготовил и записи проверки конструктивных элементов, при условии, что те же самые требуют исполнения класса 2 или 3. Отмечаются констатации консультантской фирмы, которая сделала проверку соответствия конструктивного проекта с нормативными требованиями несущей способности, деформативности и трещиноустойчивости отдельных частей конструкции и конструкции в целом. Проверка консультантской фирмы осуществляется, когда техническое лицо, сделало оценку соответствия по части „Конструкции" не входит в состав фирмы.)

В.2. ПОЖАРНАЯ БЕЗОПАСНОСТЬ СТРОЙКИ:

(Отмечается, что при изготовлении проекта (части: Архитектурная, Конструкции, Электро, Отепление, вентиляция и климатизация и Водопровод и Канализация) соблюдены противопожарные требования. Заложены требующиеся пожарозащитные стены. Размеры силовой и осветительной эл. инсталляции правильно вычислены, как и соблюдается соотношение между инсталированной и консумированной мощности. Вид кабелей и способ ихних уложений удовлетворяют противопожарные требования. Заложена заземлительная инсталляция. Помещения с различным функциональным предназначением проектированы в соответствии с требованиями противопожарных норм.)

В.3. СОХРАННОСТЬ ЗДОРОВЬЯ И ЖИЗНИ ЛЮДЕЙ И ИХНЕГО ИМУЩЕСТВА:

(Отмечается, что для объекта усмотрено необходимое санитарное и отеплительное оборудование и обзаведение, чтобы обеспечить нормальные условия для работы и отдыха обитателей. Соблюдены нормы естественного и искусственного освещения. Заложена необходимая вентиляция. Должное соблюдение технических требований для исполнения строительных процессов, обеспечивающих безопасные условия для работы строительных работников.)

В.4. БЕЗОПАСНОЕ ПОЛЬЗОВАНИЕ СТРОЙКИ:

Записываются необходимые специальные меры для безопасного пользования объекта, которые следует соблюдать во время эксплуатации. Все электросооружения следует заземлить и занулить. Доставлены на стройку осветительные тела, следует снабдить с соответным сертификатом с доказательством о степени защиты.

Источников электромагнитных или других лучеиспусканий, для которых должны быть взяты специальные меры защиты, нет. При эксплуатаци транспортных сооружений с ограничениями в габаритах и товароносимости устанавливаются указательные табели и др.)

В.5. СОХРАННОСТЬ ОКРУЖАЮЩЕЙ СРЕДЫ ВО ВРЕМЯ СТРОИТЕЛЬСТВА И ПОЛЬЗОВАНИЯ СТРОЙКИ, ВКЛЮЧИТЕЛЬНО ЗАЩИТА ОТ ШУМА, СОХРАННОСТЬ ЗАЩИЩЁННЫХ ТЕРРИТОРИИ И ОБЪЕКТОВ И СОХРАННОСТЬ НЕДВИЖИМЫХ ПАМЯТНИКОВ КУЛЬТУРЫ:

В.5.1. (Отмечаются санитарно-гигиенически зоны стройки согласно с гигиеническими требованиями к защите здоровья поселения).

В.5.2. (Для шума и вибраций, если являются сверх допустимых норм намечаются меры для ихнего уменьшения.)

В.5.3. (При прохождении во время строительства через защищённые территории и объекты или недвижимые памятники культуры отмечаяются меры для ихнего восстановления.)

В.5.4. (Отмечается, требуется ли экологическая оценка согласно с нормативными требованиями.)

В.6. ЭКОНОМИЯ ТЕПЛОВОЙ ЭНЕРГИИ И ТЕПЛО-СОХРАНЕНИЕ ОБЪЕКТА:

(Оценивается соответствие проектированной фасадной теплоизоляции, а также и крыши и сутерена (подвала) с нормативными требованиями для теплозащиты.)

В.7. СООТВЕТСТВИЕ С ТРЕБОВАНИЯМИ ДЛЯ ДОСТУПНОЙ СРЕДЫ:

(Оценивается возможность пользования объекта лицами с ограниченными двигательными возможностями.)

Г. ОТНОСИТЕЛЬНО ОБОЮДНОГО СОГЛАСОВАНИЯ МЕЖДУ ЧАСТЯМИ ПРОЕКТА

(Отмечается, что части проекта взаимно согласуваны между собой проектантами в отдельных специальностях, которые удостоверяются сподписи под чертежами. Констатируется отсутствие стыка, противоречий и несоответствий в расположении и геометрии элементов в отдельных частей проекта.)

Д. ОТНОСИТЕЛЬНО ПОЛНОТЫ И СТРУКТУРНОГО СООТВЕТСТВИЯ ИНЖЕНЕРНЫХ ВЫЧИСЛЕНИЙ:

(Оценивается полнота и структурное соответствие инженерных вычислений по всем частям проекта. Отдельные части проекта по всем частям проекта должны быть выработаны в объёме, согласно требованиям для обхвата и содержания инвестиционных проектов. Кроме этого отмечается, что все материалы, доставленные и вложенные в стройку, следуют быть придружёнными соответным сертификатом о качестве и декларацией о соответствии с производителя.)

Е. ОТНОСИТЕЛЬНО ИСПОЛНЕНИЯ ТРЕБОВАНИЙ ДЛЯ УСТРОЙСТВА, БЕЗОПАСНОЙ ЭКСПЛУАТАЦИИ И ТЕХНИЧЕСКОГО НАДЗОРА НАД СООРУЖЕНИЯМИ С ПОВИШЕННОЙ ОПАСНОСТЬЮ (чл. 142, ал. 5, т. 6 от ЗУТ):

(Если на объекте находятся монтированные сооружения с повышенной опасностью для них оценивается соответствие с нормативными требованиями что касается устройства, безопасной эксплуатации и технического надзора.)

Ж. СПЕЦИФИЧНЫЕ ТРЕБОВАНИЯ К ОПРЕДЕЛЁННЫМ ВИДАМ СТРОЕК СО СПЕЦИАЛЬНЫМ РЕЖИМОМ ПОЛЬЗОВАНИЯ:

(Оценивается соответствие с требованиями нормативных документов, регламентирующие проектирование и строительство определённых видов строек со специальним режимом пользования.)

ПРЕДОСТАВЛЕННАЯ ДОКУМЕНТАЦИЯ ЯВЛЯЕТСЯ ПОЛНОЙ, ПРЕДСТАВЛЕННЫЕ ПРОЕКТЫ И СОГЛАСОВАНИЯ ЯВЛЯЮТСЯ В ОБЪЁМЕ, СООБРАЗНО С НОРМАТИВНЫМИ ТРЕБОВАНИЯМИ

ПРОЕКТ ИЗГОТОВЛЕН В СООТВЕТСТВИИ СО СЛЕДУЮЩИМИ НОРМАТИВНЫМИ ДОКУМЕНТАМИ:

- Закон о устройстве территории;
- Правила и нормативы для устройства отдельных видов территории и устройственных зон;
- Устав для номенклатуры видов строек;
- Устав для противопожарных строительно-технических норм;

- Устав для проектирования теплоизоляции зданий;
- Устав для искусственного освещения;
- Устав   для устройства электрических установок и электропроводных линий;
- Устав для проектирования, сооружения и эксплуатации эл.установок в зданиях;
- Правильник для принятия электромонтажных работ;
- Устав   для контроля и принятия бетонных и стальнобетонниых конструкций;
- Нормы и правила защиты строительных конструкций от коррозии;
- Устав   для проектирования плоского фундирования и нормы проектирования плоского фундирования;
- Устав о минималных требованиях для благоприятных и безопасных условий труда при осуществлении строительных и монтажных работ;
- Устав об основных положениях проектирования конструкций строек и о воздействиях над ними;
- Устав   для проектирования зданий и сооружений в сейсмических районах;
- Нормы проектирования строительных конструкций.

ЗАКЛЮЧЕНИЕ И ОЦЕНКА

Для проектной документации стройки: (наименование стройки)

ВЫРАБОТАННЫЙ ИНВЕСТИЦИОННЫЙ ПРОЕКТ СООТВЕТСТВУЕТ СУЩЕСТВУЮЩИМ ТРЕБОВАНИЯМ К СТРОЙКАМ И МОЖЕТ БЫТЬ ОДОБРЁННЫМ. Для строения можно выдать расрешение для стройки.

Часть „Архитектура” - ………....   Часть „Конструкции”-………….....
            /…………/   /……………./

Часть „В и К” - ………...............   Часть „ОВ и К”-………...............
            /……………./   /……………./

Часть „Электро” - ………........   Часть „ЗХСН”-………..….........
            /……………/   /…………….……/

Часть „ПСТН” - ………...........   Часть „ПБЗ”-………………….

/................/   /...................../

Управитель:...................
/................./

ПРИЛОЖЕНИЯ

К КОМПЛЕКСНОМУ ДОКЛАДУ ДЛЯ ОЦЕНКИ СООТВЕТСТВИЯ ИНВЕСТИЦИОННЫХ ПРОЕКТОВ

1. Документ о собствености территории.
2. Лиценз консультантской фирмы со списком экипа от правоспособных лиц к лицензу.
3. Страховательная банковая полица консультантской фирмы.
4. Идентификационные данные консультантской фирмы.
5. Договор о продаже электрической энергии.
6. Договоры о продаже воды и газа.
7. Мнение консультанта по пожарной безопасности.
8. Мнение о проекте, выданное районной инспекцией по хранению окружающей среды.
9. Записи оценки соответствия конструктивных элементов, требующих исполнения класса 2 или 3.
10. Другие.

ЗАПИСЬ

об оценке соответствия конструктивного элемента[1]

..............................требующий класс.............. для исполнения (2 или 3)

стройка:..

I. Текстовая часть конструктивного проекта в части, касающей конструктивного элемента.

Для конструктивного элемента оценивается соответствие с требованиями нормативных актов по отношении :

1.1. Исходные данные осуществлённых инженерных вычислений.

- конструктивное решение оцениваемого элемента и конструкции в целом;

- проектный эксплуатационный срок конструкции с оцениваемым элементом;

- использованный метод для статического решения и вычислительная программа;

- статическая схема элемента, обеспечивающая во всех етапах строительства и эксплуатации необходимую несущую способность, трещиноустойчивость, деформативность и пространственную неизменяемость;

- использованы строительные материалы по виду, классу, нормативным и вычислительным стойностям по жёстко-деформационным характеристикам;

- данные и характеристики, связанные с местом строения; значимость стройки, сложность исполнения, жёстко-деформационные характеристики почвы, стойности коэффициента сейсмичности; значимости, отчитывая следствия наступления крайних граничных состояний; условия работы, отчитывая влияние на среду при эксплуатации; динамичность при сборочных элементах, граничные допустимые стойности ширины трещин, провисания элемента, отклонения в геометрических размерах опалубочных элементов, бетонное покрытие, размеры и расположение вбетонированных частей, монтаж обычной и напряжённой армировки, напрягающее усилие и удлинения при напряжении, монтаж сборных элементов и др.

---

[1] Оценивается соответствие произвольно выбранного одного из всех видов конструктивных элементов, требующих исполнения класса 2 и одного из всех видов и типоразмеров, требующих исполнения класса 3.

1.2. Технологические методы при исполнении основных строительных процессов оценяемого элемента.

Соответственно со спецификой элемента проверяются текстовые части следующих технологических процессов:

- земляные – водоотвод, укрепление и выемка строительного котлована с намеченными методами и техническими средствами; закладывание фундамента с предписанными методами и использованной техникой;

- установка и снятие опалубки – совместимость системы для опалубки с опалубочной конструкцией; число использованных опалубочных комплектов; последовательность установки и снятия опалубки с описанием изменений статической схемы стальнобетонных элементов в процесе снятия опалубки с оставленными подпорами; пространственное укрепление и связка с неподвижной точки; вид и способ наложения опалубочной смазки; подготовка опалубочной обшивки для достижени обикновенной и напрежённой арматурой – требования при изгибе и исправлении изогнутого стержня; допустимость для удостоверения стали разного класса, марки, диаметра и пр.; защита напрежённого армирования в агрессивной среде во время транспортирования, укладки и вложения; совместимость напрежённой системы с напрежёнными сооружениями и закрепляющими устройствами; подготовка напрежённых сооружений; измерения величины; допущенные отклонения и пр.;

- процессы бетонирования – метод бетонирования с предвиденными средствами транспортирования, прокладывания, уплотнения; защита бетона от неблагоприятных климатических условий, от предотвращения трещин от начального высыхания, от повреждения бетонной поверхности и пр.

- монтаж собираемых элементов – использована техника и механизация для транспорта, складирования, амальгамация, временное укрепление, геодезическая проверка, монтаж, выполнение соединений; подготовка опор; защита от коррозии монтажных соединений и др.

1.3. Наличная информация для исполнения строительного надзора:

- класс исполнения для конструктивного элемента;
- частота подробных проверок элементов с классами 2 и 3 исполнения;
- использованы методы и инструменты для проверки, критерии для принятия, специфичные требования технических правил и норм;
- процедуры и инструкции при неоответствии и для коригирующих действий и др.

II. Вычислительная часть конструктивного проекта, касающая оцениваемый элемент.

Оценивается соответствие с требованиями нормативных документов по отношению:

2.1. Вычисления, уточнение размера и конструирование строительного элемента.

- нагрузка элемента – постоянные и временные грузы с нормативными и вычислительными стоимостями; сочетания нагрузки во время строительства и эксплуатации со стоимостью коэффициентов сочетания;

- жёсткостные и деформационные характеристики использованных материалов и земляной основы – нормативные и вычислительные стоимости; коэффициенты безопасности;

- усилия в сечении конструктивного элемента;

- вычисления конструктивного элемента крайних предельных состояниях, чтобы стараховаться во время строительства и эксплуатации от разрушений и эксплуатационных предельных состояниях, чтобы страховаться при выполнении и эксплуатации от появления трещин и отверстий, недопущенного провисания, изменений формы, закрутывании и пр.

- вычисления по двоим видами предельных состояний опалубочного стальнобетонного элемента в раннем возрасте отлёжки с нагрузкой, жесткостно-деформационных характеристик бетона и принятых статических схем, соответствующих этапу исполнения снятия опалубки;

- уточнение размера и конструирование несущего элемента для достоверных предельных состояний – геометрические размеры, продольная и поперечная арматура по классу, виду, расположению, числу и диаметру, коэффициентам армирования;

- огнеупорность конструктивного элемента в соответствии с требованием противопожарных норм.

2.2. Вычисления исполнения технологических процессов.

Соответственно со спецификой элемента делается проверка вычисления следующих строительных процессов:

- земляные работы и закладывание фундамента – число, вид и производительность выбранных машин и строительной техники для водоотвода, укрепление и выемка строительного котлована и для исполнения закладывания фундамента (пилоты, прорезные стены и пр.);

- опалубочные работы – нагрузка опалубки и скелета во время бетонирования, отлёжка и снятие опалубки; жёсткостно-деформационные характеристики материалов для опалубочных элементов; усилия разрезывания в элементах опалубки; вычисления опалубочных элементов для предельных состояний, сообразно с грузом и вычислительной схемой во время бетонирования и снятия опалубки; уточнение размера и конструирование элементов опалубки для достоверных предельных состояний;
- бетонные работы – вид и число выбранных машин и технических средств для установления и уплотнения бетонной смеси в соответствии с требованиями метода бетонирования;
- монтажные работы – вид, число и технические параметры машин и технических приспособлений для транспорта и монтажа готовых элементов и пр.
- количественные счёты строительно-монтажных работ со спецификацией материальных изделий, готовых элементов и пр.

III. Графическая часть конструктивного проекта, касающаясе оцениваемого элемента.

Соответственно со спецификой конструктивного элемента делается проверка соответствия с нормативными требованиями при изготовлении графических компонентов, чтобы оценить элемент.

3.1. Чертежи и детали строительного элемента.

- план фундамента с указанными деформационными, температурно-высыхающими и против землетрясения фугами;
- опалубочные планы с обозначением отверстий для перехода элементов инсталяций в зданиях;
- армировочные планы с показанным местоположением несущей, распределительной и монтажной арматурой, пришвартованием армировочного стержня, использование сваренных соединений из стержней и вбетониранных частей, соединение внакрой и пр., спомогательные средства для обеспечения бетонного покрытия (вид, размер, материал исполнения, местоположение, густота расположения) и пр.;
- монтажные планы при использовании разборных элементов;
- детали для монтажа и соединения элемента при разборных конструкций.
- согласованность с другими специальностями проекта.

47

3.2. Схемы для исполнения основных процессов:

- выемка строительного котлована с закладыванием фундамента – схемы водоотвода, укрепление и выемки; порядок и последовательность исполнения при использовании набивных и вылитых пилотов, прорезных стен и пр.;

- опалубочные – разрезы с деталями связок опалубочных элементов; такт – планы выполнения горизонтальных и вертикальных конструкции; схемы выполнения элемента по высоте; схемы для временной подпоры при раннем снятии опалубки и пр.;

- армировочные – схемы сгибания и выпрямления искрывлённых стержней для последовательности монтирования стержней способа скрепления армировочных элементов и пр.;

- бетонные – представены схемы подачи, заложения и уплотнения бетонной смеси; местоположение работной фуги с последовательностью бетонирования участков при использовании бетонирования с работными фугами; порядок и последовательность заполнения опалубочной формы при монолитном бетонировании и пр.;

- монтажные – схемы транспортного положения с деталями закрепления при транспорте; схемы использованных такелажных средств; положения при складировании в склад и в обхвате монтажного средства; приведение в порядок и соединение при крупнении и пр.

Составил*:.....................
/.................../

---

* Составитель является техническим правоспособным лицом по части „Конструкции".

ЛИТЕРАТУРА

[1] Бояджиев Х., Оценка соответствия при проектировании и исполнении стальнобетонниых конструкций, ВТУ „Тодор Каблешков", София, 2011.

[2] Бояджиев Х., Изменения несущей способности допустимых значениях отклонений при исполнении железобетонных балок, Десятая научно-практическая конференция „Безопасность движения поездов", МИИТ, 2009, Москва.

[3] Бояджиев Х., Структура и содержание конструктивного проекта для зданий и сооружений, требующих высокого класса надзора при исполнении стальнобетонной конструкции, сп. „Строительный обзор", кн. 9, 2009, Даниел СГ ООД; София

[4] Бояджиев Х., Совершенствование оценки соответствия при проектировании и строительстве железобетонных конструкции, сп. „Промышленное и гражданское строительство, 2009, Москва.

[5] Бояджиев Х., Рекомендации для усовершенствования нормативных требований об оценке соответствия при проектировании и строительстве стальнобетонных конструкций, сп. „Строительный обзор", кн. 10, 2009, Даниел СГ ООД, София.

[6] БДС EN 206-1 Бетон. Спецификация, свойства, производство и соответствие.

[7] EN 446 Инъекционный раствор, предназначенный каналам для напряжённой армировке. Технология инъектирования.

[8] EN 447 Инъекционный раствор, предназначенный каналам для напряжённой армировке. Технические требования для обычного инъекционного раствора.

[9] EN 523 Каналообразующие трубы из стальной ленты для предварительно напряжённой армировки. Терминология, требования и управление качества.

[10] EN 10080 Сталь для армирования бетона. Сваренная армировочная сталь. Общие положения.

[11] EN ISO 17660-1 Сварка. Сварка армировочной стали. Част 1: Несущие сваренные соединения (ISO 17660-1:2006).

[12] EN ISO 17660-2 Сварка. Сварка армировочной стали. Част 2: Ненесущие Сваренные соединения (ISO 17660-2:2006).

[13] БДС EN 1065 Стальные телескопические подпоры в строительстве. Требования к продуктам, проектированию и оценке через вычисления и испытания.

[14] EN 1990:2002 Еврокод 0: Основы проектирования строительных конструкций.

[15] БДС EN 1991:2002 Еврокод 1: Воздействия на строительные конструкции.

[16] EN 1992:2005 Еврокод 2: Проектирование бетонных и стальнобетонных конструкций.

[17] EN 1993 Еврокод 3: Проектирование стальных конструкций.

[18] EN 1994 Еврокод 4: Проектирование комбинированных стально-стальнобетонных конструкций.

[19] EN 1995 Еврокод5: Проектирование деревянных конструкций.

[20] EN 10138 Prestressing steels [Сталь для предварительного напряжения].

[21] БДС EN ISO 15630 Сталь для армировния и предварительного напряжения бетона. Методы испытания.

[22] ENV 13670-1:2000 Исполнение бетонных и стальнобетонных конструкций. Част 1: Основные положения.

[23] EN 13670-1:2009 Исполнение бетонных и стальнобетонных конструкций.

[24] EN 12810-1, 2/2003 Fasade scaffolds made of prefabricated components Part 1: Products specifications. Part 2: Particular methods of structural desing.

[25] EN 12811-1, 2, 3/2003 Temporary works equipment Part 1: Scaffolds – Performance requirements and general design Part 2: Information on materials; Part 3: Load testing.

[26] EN 12813/2004 Temporary works equipment. Load bearing towers of prefabricated components – Particular methods of structural desing.

[27] EN 13377/2002 Prefabricated timber formwork beams – Requirements, classification and assessment.

[28] BS 5973:1993 Code of practice for Access and working scaffolds and special scaffold structures in steel.

[29] DIN 4420 Arbeits und Schutzgeruste.

[30] DIN 4421 Traggerüste.

[31] DIN 18218 Frischbetondruck auf loterechte Schalungen.

[32] EN 12812 Опалубка и леса для подпирание опалубки. Требования для исполнения, методы проектирования, исследования и монтажа.

[33] EN 1004 Подвижные работные площадки и леса готовых элементов.

СОДЕРЖАНИЕ